MANIOBRA DE KRISTELLER:

¿UNA PRÁCTICA A REALIZAR?

MANUAL PARA MATRONAS Y PERSONAL SANITARIO

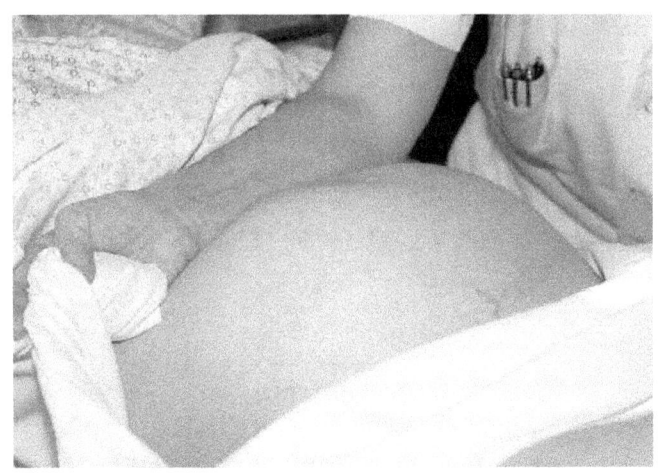

Gustavo A. Silva Muñoz

Mª Luisa Alcón Rodríguez

Patricia Álvarez Holgado

© Autores: *Gustavo A. Silva Muñoz, Mª Luisa Alcón Rodríguez, Patricia Álvarez Holgado.*

© por los textos: Servando J. Cros Otero, Estefanía Castillo Castro, Mª José Barbosa Chaves.

MANIOBRA DE KRISTELLER:

¿UNA PRÁCTICA A REALIZAR?

28 de Octubre de 2012

ISBN:978-1-291-15605-8

1ª Edición

Impreso en España / Printed in Spain

Publicado por Lulú

INDICE

CAPÍTULO 1: 7

Definición. Antecedentes históricos.

Autores: Gustavo A. Silva Muñoz, Servando J. Cros Otero, , Mª Luisa Alcón Rodríguez.

CAPÍTULO 2: 10

Diferentes formas de realizarla.

Autores: Servando J. Cros Otero, Patricia Álvarez Holgado, Estefanía Castillo Castro.

CAPÍTULO 3: 15

Complicaciones materno- fetales.

Autores: Mª José Barbosa Chaves, Servando J. Cros Otero, Estefanía Castillo Castro.

CAPÍTULO 4: 17

Recomendaciones

Autores: Gustavo A. Silva Muñoz, Patricia Álvarez Holgado, Mª José Barbosa Chaves.

CAPÍTULO 5: 19

Evidencia científica. Conclusiones.

Autores: Mª José Barbosa Chaves, Estefanía Castillo Castro, Mª Luisa Alcón Rodríguez.

BIBLIOGRAFÍA. 31

CAPÍTULO 1

Definición. Antecedentes históricos.

DEFINICIÓN

La maniobra de Kristeller o presión fúndica en el periodo expulsivo es una maniobra mediante la cual intentamos aumentar la presión abdominal durante el parto, mediante la compresión del fondo uterino, bien con una mano, dos o el antebrazo, conjuntamente con la contracción y en dirección a la pelvis materna, con el fin de acortar el tiempo de expulsivo y ayudar en la extracción fetal

ANTECEDENTES HISTÓRICOS

La maniobra de Kristeller o presión del fondo uterino fue descrita por Samuel Kristeller (1820-1900), al cual se le conoce como el creador de dicha técnica.

En 1867 realizó un estudio sobre la asistencia manual de empujar al feto y sus recomendaciones.

Su idea era fortalecer las contracciones uterinas durante el expulsivo, masajeando repetidamente el útero y haciendo presión en el fondo en dirección al canal del parto

A pesar de que fue una técnica descrita por Samuel Kristeller a finales del S.XIX, se ha utilizado instintivamente a lo largo de todos los tiempos.

Fue aconsejada por Hipócrates, Celsus, Soranus...

El Kristeller se ha transmitido de generación en generación de matronas por tradición oral (matronas más antiguas enseñan a sus alumnas/os esta técnica, aunque no forma parte del plan de estudios)

Algunos organismos e instituciones incluso prohíben su uso, como por ejemplo la Haute Autorité de Santé (Alta Autoridad de Salud del gobierno

Francés) ofreciendo como alternativa un *parto instrumental o cesárea*

En España quizás sea una práctica que en algunos sitios se utiliza con cierta ligereza. Orpez (2006) valientemente añade la indicación "*por interés del profesional*", para terminar antes un parto y poder dedicarse a otras mujeres, debido a la presión asistencial.

CAPÍTULO 2

Diferentes formas de realizarla

Maniobra clásica de Kristeller efectuada con ambas manos planas. Similar a la realizada con el antebrazo.

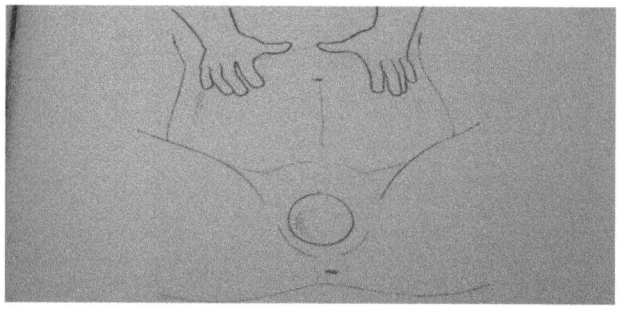

Maniobra de Kristeller realizada con el hombro. Censurable

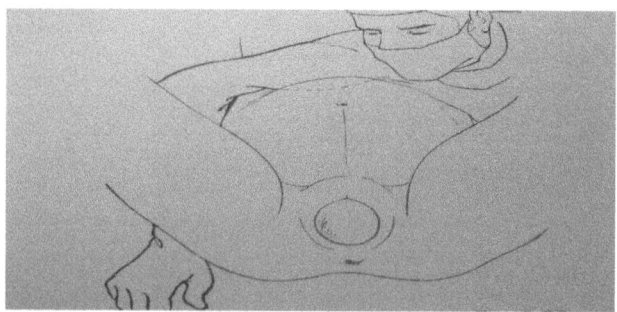

Maniobra de Kristeller realizada con el puño. Debe proscribirse por peligrosa.

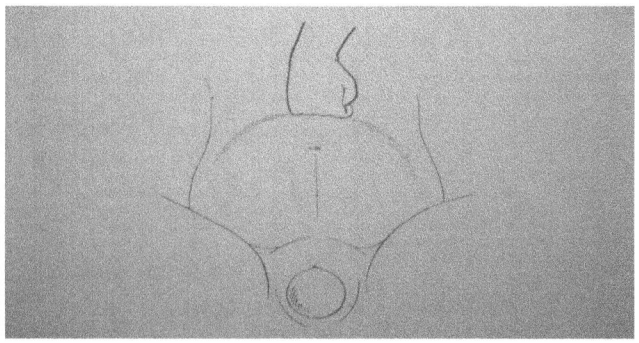

Maniobra de Kristeller de puño sobre mano. La fuerza es repartida mucho mejor por todo el fondo, sin los peligros de la presión sólo con el puño.

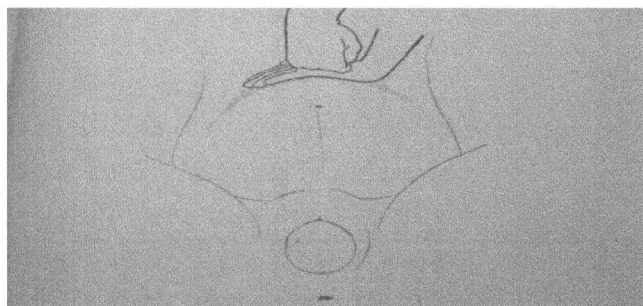

Maniobra de Hofmeier: El tocólogo aprieta con ambas manos la cabeza fetal en dirección al eje de la pelvis. De menos utilidad y más perjudicial que la maniobra de Kristeller.

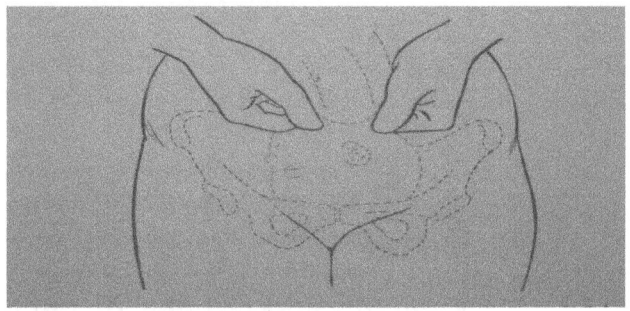

Pinto y Falsia (1947) han sugerido que efectuando esta maniobra a "impulsos sucesivos" o por "empujes" se obtienen aún mejores resultados, que si se realiza con una presión de forma continua.

En las últimas fases del período expulsivo esta maniobra sustituirá en algunas ocasiones una prensa abdominal insuficientemente colaboradora por fatiga uterina (Dexeus, 1957)

Se utiliza con mucha frecuencia en nuestros paritorios bajo la indicación de abreviar el periodo expulsivo y evitar un parto instrumental o cesárea.

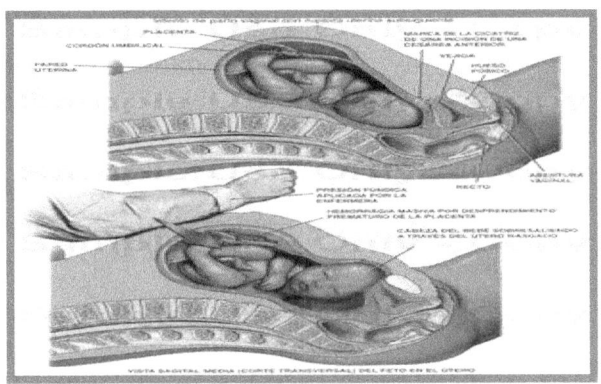

Además es una técnica "*invisible*", pues cuando se hace, raramente queda reflejada en la historia clínica y/o partograma, al ser susceptible de ser denunciada.

Sus complicaciones son tan graves que a la postre puede ser el origen de muchas demandas judiciales, de ahí la posible razón del porqué no se anota su uso en el historial clínico.

La presión del fondo uterino se puede utilizar también en otros momentos del parto:

Rotura artificial de membranas, para evitar el prolapso de cordón.

Para ayudar en la colocación de un electrodo fetal interno.

En el alumbramiento (Maniobra de Credé), para comprobar la correcta contracción uterina.

En el caso de una cesárea para ayudar a la salida del bebé ante un útero que ha perdido poder de contracción.

CAPÍTULO 3

Complicaciones materno-fetales.

Maternas

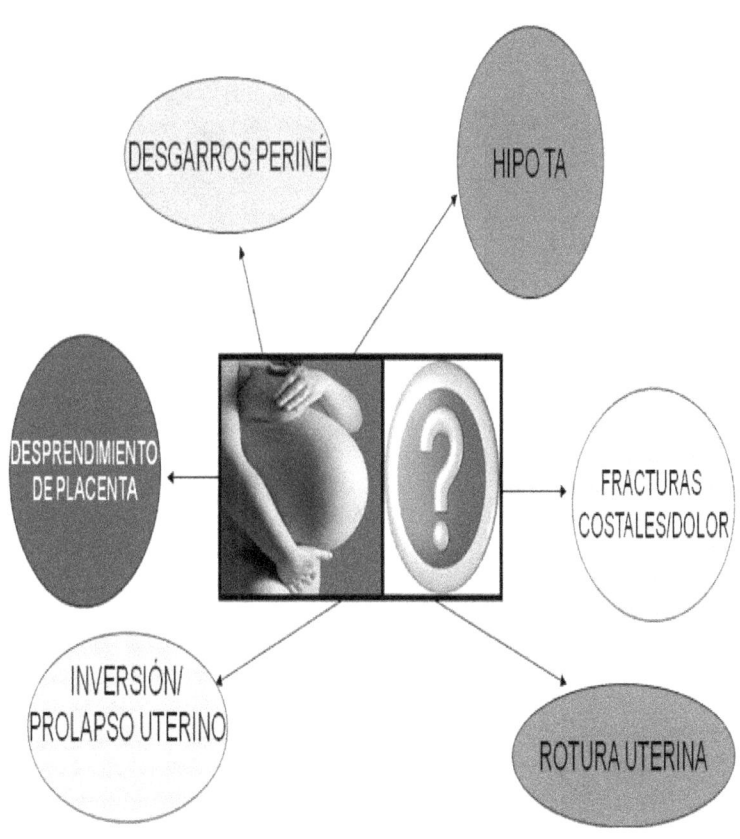

Fetales

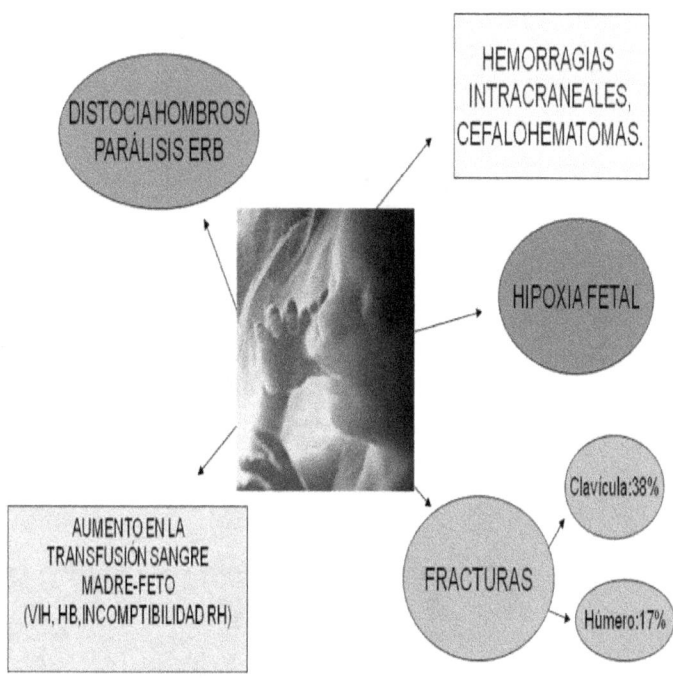

CAPÍTULO 4:

Recomendaciones

En el informe de la OMS sobre las prácticas en el parto normal, la práctica de ejercer presión en el fondo uterino durante la segunda fase del parto, con el fin de acortarla, está clasificada dentro de la categoria:

Actos que son claramente útiles y debieran ser fomentados

Actos que son claramente dañinos o inefectivos y debieran ser eliminados

Actos en los que no existe una clara evidencia para fomentarlos y que deberían ser usados con <u>cautela</u> hasta que diversos estudios clarifiquen el asunto.

Actos que son llevados a cabo frecuentemente de manera errónea

Según la OMS, se establece la hipótesis de que la maniobra de Kristeller se utiliza con demasiada frecuencia sin estar demostrada su efectividad, y que

pudiera ser dañina para el útero, el periné o el feto y acarrear molestias para la madre.

Según la S.E.G.O. la presión sobre el fondo uterino, podrá ser utilizada <u>sólo</u> con la intención de ayudar al *<u>desprendimiento de la cabeza,</u>* pero en ningún caso para facilitar el descenso de la presentación. La clásica maniobra de Kristeller está desaconsejada.

La maniobra de Kristeller, realizada mediante el cinturón inflable:

No incrementa la tasa de partos vaginales espontáneos.

No reduce la tasa de partos instrumentales

Dicha maniobra es ineficaz en la reducción de la duración de la segunda etapa del parto

Se recomienda no utilizar la maniobra de Kristeller.

CAPÍTULO 5

Evidencia científica. Conclusiones.

I. EVIDENCIA CIENTÍFICA

Revisando algunas bases de datos encontramos artículos de importante relevancia sobre dicha maniobra, los cuales exponemos a continuación, y nos servirán de orientación para plantearnos si ésta es segura o no;

1. **PRESIÓN DEL FONDO UTERINO DURANTE EL PERÍODO EXPULSIVO DEL TRABAJO DE PARTO**

Biblioteca Cochrane Plus 2009 Numero 4.Oxford:Update Software Ltd.Evelyn C Verheijen, Joanna H Raven, G Justus Hofmeyr. 2009 Issue 4 Art no. CD006067

ENSAYOS CONTROLADOS ALEATORIOS Y CUASIALEATORIOS

OBJETIVOS: determinar si la presión del fondo uterino es efectiva para lograr el parto vaginal espontáneo y prevenir el período expulsivo prolongado o la necesidad

de un parto quirúrgico, y comparar los resultados fetales

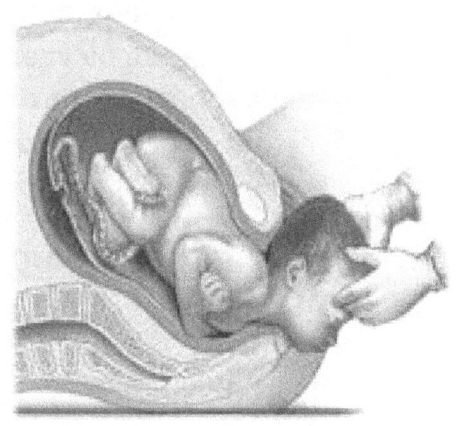

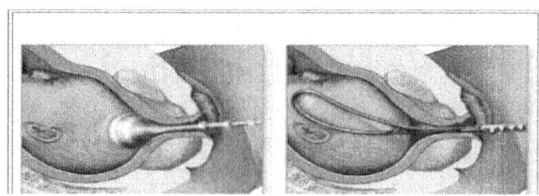

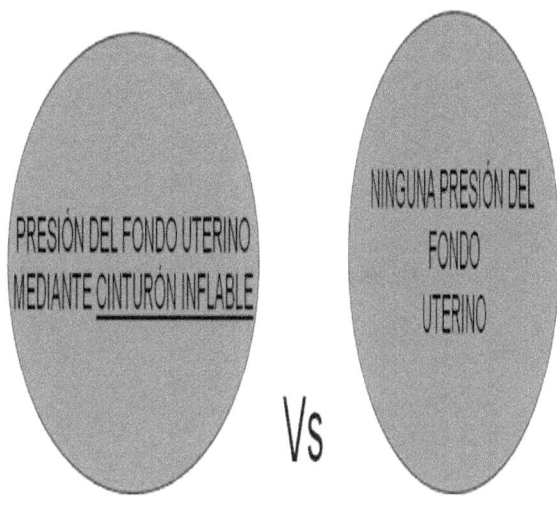

MUESTRA: 500 MUJERES CON ANALGESIA EPIDURAL QUE ESTABAN EN PERÍODO EXPULSIVO DEL TRABAJO DE PARTO

♦ SE OBSERVÓ QUE EL USO DEL CINTURÓN INFLABLE NO CAMBIÓ LA TASA DE PARTOS QUIRÚRGICOS (CR 0,94; IC DEL 95%)

♦ TAMPOCO HUBO DIFERENCIAS ENTRE LOS GRUPOS EN LOS RESULTADOS FETALES EN CUANTO:

✓ A LA PUNTUACIÓN DE APGAR <7 A LOS 5 MINUTOS
✓ DISMINUCIÓN DEL PH DE LA SANGRE UMBILICAL
✓ INGRESO EN UNA UNIDAD NEONATAL

♦ NO HUBO MORBILIDAD NI MORTALIDAD MATERNA O NEONATAL GRAVES.

CONCLUSIONES

- La presión del fondo uterino por un cinturón inflable durante el período expulsivo del trabajo de parto no parece aumentar la tasa de partos vaginales espontáneos ni tampoco disminuye la tasa de partos instrumentales en mujeres con analgesia epidural.

- No hay pruebas suficientes con respecto a la seguridad para el recién nacido.

2. COMUNICACIÓN/POSTER: EL KRISTELLER, UNA MANIOBRA POCO SEGURA DURANTE EL PARTO

Muñoz martínez a.l , berral gutiérrez m.a , burgos sánchez j.a – matronas del hospital san juan de la cruz de úbeda. -V REUNIÓN INTERNACIONAL DE ENFERMERÍA BASADA EN LA EVIDENCIA. GRANADA: FUNDACIÓN INDEX, 2008.

METODOLOGÍA:

Se hizo una revisión bibliográfica durante el primer semestre de 2008 usando las bases Pubmed, Cuiden y Google académico.

- Pubmed: 12 artículos
- Cuiden: 1 artículo
- Google académico: mismos artículos previamente seleccionados.

Destacan:

-Estudio de Cosner, que comparó 2 grupos de 34 mujeres. A un grupo se le practicó kristeller y a otro se les dejó el curso espontáneo del parto. Encontró diferencias significativas en el grupo de intervención, el cual tenía más desgarros de tercer y cuarto grado.

-Estudio de Wei, que presentó un caso de una mujer que había sufrido una rotura de útero tras la aplicación de la presión fúndica.

OTRAS COMPLICACIONES DESCRITAS FUERON:

- PROLAPSO UTERINO
- DPPNI
- FRACTURAS DE LA PARRILLA COSTAL
- HIPOTENSIÓN POR LA PRESIÓN SOBRE LA VENA CAVA
- DOLOR Y MALESTAR MATERNO
- FRACTURAS DE HÚMERO Y CLAVICULA EN EL BEBÉ
- INCREMENTO DE LA PRESIÓN INTRACRANEAL
- HIPOXIA.

Muchas matronas hacemos un kristeller porque pensamos que es mejor que un parto instrumental

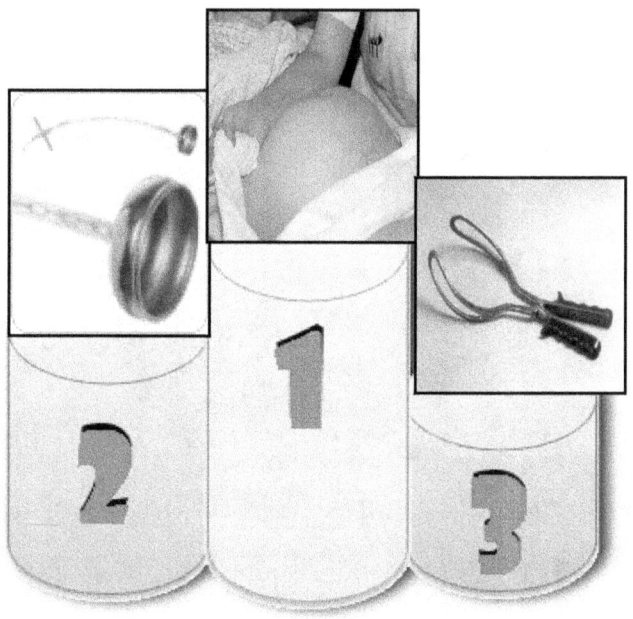

SCHULZ-LOBMEYR, comparó 2 grupos: los días impares el uso del kristeller estaba permitido y los días pares no se usaba. Observó que en el grupo de política restrictiva no aumentaba los partos instrumentales y en cambio en el grupo de permisividad de la maniobra , vió mayor índice de desgarros importantes (desgarros de tercer y cuarto grado)

CONCLUSIONES

Quizás la mejor manera de prevenir las potenciales complicaciones del kristeller sea <u>limitar su uso</u>

Son malos tiempos para el kristeller, pero no nos podemos olvidar que es una maniobra que en ciertos momentos, al igual que con la episiotomía, valorando riesgos y beneficios, nos puede ser útil .Debemos estudiar más sobre el tema, mientras tanto <u>prevenir su uso</u> y si se utiliza, tal como dice la OMS, <u>hacerlo con mucha cautela y sólo para el desprendimiento de la cabeza fetal.</u>

II. CONCLUSIONES FINALES

-Debido a las posibles complicaciones y a la escasez de estudios es una maniobra a utilizar con <u>cautela</u> (OMS)

-Se necesitan estudios experimentales para delimitar en que casos los beneficios superan a los riesgos (ej: presión fúndica sólo para el desprendimiento de la cabeza fetal)--- SEGO

La mejor manera de evitar riesgos es **<u>PREVENIR SU USO</u>**

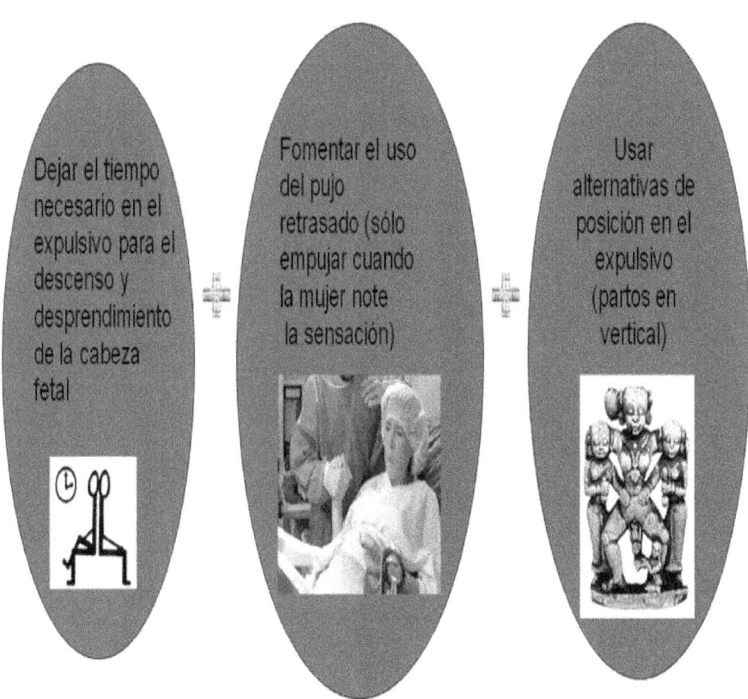

BIBLIOGRAFÍA

1. Tratrado de obstetricia Dexeus, II edición. III tratado y atlas de operatoria obstétrica. Coordinador:J.M. Carrera.

2. Organización Mundial de la Salud. Cuidados en el parto normal: una guía práctica. Grupo técnico de trabajo de la OMS. Departamento de Investigación y Salud Reproductiva. Ginebra: OMS; 1996.

3. Sociedad Española de Obstetricia y Ginecología. Documento de Consenso: Asistencia al parto. Madrid: SEGO; 2008. Disponible en http://matronasubeda.objectis.net/area-cientifica/guias-protocolos/documentoconsensoSEGO.pdf

4. Haute Autorité de Santé. L'expression

abdominale durant la 2e phase de l'accouchement. Consensus formalicé. Sant Dennis: HAS; 2007 Disponib e en: http://www.has-sante.fr/portail/upload/docs/application/pdf/ea-_recommandations_.pdf

5. Orpez Martínez M. ¿Está indicada la maniobra de presión del fondo uterino -Kristeller- como ayuda de expulsivo durante el parto? Evidentia [en línea] 2006; 3(10). En: http://www.index-.com/evidentia/n10/240articulo.php

6. Cosner KR. Use of fundal pressure during second-stage labor. A pilot Study. J Nurse Midwifery. 1996; 41(4): 334-

7. Wei SC, Chen CP. Uterine rupture due to traumatic assisted fundal pressure. Taiwan J Obstet Gynecol. 2006; 45(2): 170-2

8. Orpez Martínez M. ¿Está indicada la maniobra de presión del fondo uterino -Kristeller- como ayuda de expulsivo durante el parto? Evidentia

[en línea] 2006; 3(10). En: http://www.index-.com/evidentia/n10/240articulo.php

9. Evelyn c verheijen. Presión del fondo uterino durante el período expulsivo del trabajo de parto. The Cochrane library, 2009 Issue 4.

10. Api O, Balcin ME, Ugurel V, The effect of uterine fundal pressure on the duration of the second stage of labor: a randomized controlled trial.

11. Muñoz Martinez A.L, Berral Gutierrez M.A, Burgos Sanchez J.A, El Kristeller: Una maniobra poco segura durante el parto. En: Libro de Resumenes de Comunicaciones: V Reunión Internacional de Enfermería Basada en la Evidencia. Granada; Fundación Index; 2008- Matronas de Úbeda.

12. Guía de práctica clínica sobre la atención al parto normal en el SNS-2010.

www.ingramcontent.com/pod-product-compliance
Lightning Source LLC
Chambersburg PA
CBHW072308170526
45158CB00003BA/1243